目　次

前言 III
引言 V
1 范围 1
2 制定依据 1
3 术语和定义 1
4 总则 1
   4.1 演练目的 1
   4.2 演练原则 2
   4.3 演练对象 2
5 演练分类分级 2
   5.1 演练分类 2
   5.2 演练分级及组织报批 3
6 演练准备 4
   6.1 演练规划与计划 4
   6.2 方案准备 4
   6.3 其他准备 6
   6.4 演练保障 6
7 演练实施 7
   7.1 演练启动 7
   7.2 演练执行 7
   7.3 演练结束 7
8 演练评估与总结 8
   8.1 演练评估 8
   8.2 演练总结 8
   8.3 成果运用 9
   8.4 考核与奖惩 9
附录A（规范性附录）　地质灾害应急演练流程图 10
附录B（规范性附录）　地质灾害应急演练评估表 11

前　言

本标准按照 GB/T 1.1—2009《标准化工作导则　第1部分：标准的结构和编写》给出的规则起草。

本标准附录 A、B 为规范性附录。

本标准由中国地质灾害防治工程行业协会提出并归口。

本标准主要起草单位：国土资源部地质灾害应急技术指导中心。

本标准主要起草人：石爱军、王灿峰、黄喆、薛跃明、马娟、肖建兵、张鸣之。

本标准由中国地质灾害防治工程行业协会负责解释。

引 言

为贯彻落实《国务院关于加强地质灾害防治工作的决定》(国发〔2011〕20号)精神,进一步加强地质灾害应急工作,规范和指导地质灾害应急演练有序、有力、有效地开展,根据《中华人民共和国突发事件应对法》《国家突发公共事件总体应急预案》《国家突发地质灾害应急预案》《地质灾害防治条例》以及国务院《突发事件应急演练指南》等有关文件,制定本标准。

地质灾害应急演练指南(试行)

1 范围

本标准规定了地质灾害应急演练的基本程序、内容、组织、实施、评估、总结与成果运用等方面的要求。

本标准适用于各级人民政府及其相关部门、企事业单位、社会团体(统称演练组织单位)组织开展地质灾害应急演练活动。

2 制定依据

下列文件中的规定条款作为本指南规定条款的制定依据。

《国家突发地质灾害应急预案》(国办函〔2005〕37号)

《突发事件应急演练指南》(国务院应急管理办公室应急办函〔2009〕62号)

《国务院关于加强地质灾害防治工作的决定》(国发〔2011〕20号)

3 术语和定义

下列术语和定义适用于本文件。

3.1

地质灾害应急预案

对各种突发性地质灾害进行抢险、救援、转移等应急处置,事前制定的工作方案。

3.2

地质灾害应急演练

指演练组织单位组织相关单位及人员,依据地质灾害应急预案,模拟应对突发地质灾害而开展的监测预警、调查处置、抢险救援、避险撤离以及转移安置等活动。

4 总则

4.1 演练目的

4.1.1 检验地质灾害应急预案的科学性、实效性和可操作性,积累实战经验,优化地质灾害应急预案,完善地质灾害应急机制。

4.1.2 锻炼和提高地质灾害应急职能部门决策指挥与组织协调能力,锻炼和提高地质灾害应急技术队伍应急处置和技术判定能力,锻炼和提高应急抢险队伍快速反应与科学救援能力,锻炼和提高基层群众应急避险和防灾自救能力。

4.1.3 推广和普及地质灾害防灾减灾知识。

4.1.4 最大限度地避免或减轻地质灾害造成的损失,维护人民生命财产安全。

4.2 演练原则

4.2.1 依法依规、统筹规划

应急演练工作必须遵守国家相关法律、法规、标准及有关规定，科学统筹规划，纳入各级人民政府突发公共安全事件应急管理工作整体规划，并按规划组织实施。

4.2.2 因地制宜、合理定位

应急演练应结合本区域实际，针对性设置演练内容。紧密结合应急管理实际，明确演练目的，根据资源条件确定演练方式和规模。

4.2.3 精心组织、注重实效

围绕演练目的，遵循地质灾害发生、变化的客观规律，精心策划演练内容，科学设计演练方案，注重过程、讲求实效，提高地质灾害应急处置能力。

4.2.4 厉行节约、确保安全

充分利用现有资源，努力提高应急演练效益。周密组织演练活动，制定并严格遵守有关安全措施，确保参加演练人员和设备设施的安全。

4.3 演练对象

演练对象包括各级地质灾害应急管理与指挥机构、技术处置机构、涉及到的相关部门以及社会公众。重点是受重大地质灾害隐患点威胁的学校、医院、村庄、集市等人员密集场所的人员。

5 演练分类分级

5.1 演练分类

应急演练形式分桌面推演和实战演练。

5.1.1 桌面推演

桌面推演是指参演人员利用地图、沙盘、流程图、计算机模拟、信息网络平台等辅助手段，针对事先假定的地质灾害种类和情景，讨论和推演应急决策及现场处置的过程，从而促进相关人员掌握应急预案中所规定的职责和程序，提高指挥决策和协同配合能力。桌面推演一般在室内完成，通常在检验应急预案演练流程、应急演练示范教学和科学研究时，采用桌面推演形式。

5.1.2 实战演练

实战演练是指参演人员利用应急处置涉及的设备和物资，针对事先设置的地质灾害种类和情景及其后续的发展情况，通过实际决策、行动和操作，完成真实应急响应的过程，从而检验和提高相关人员的临场组织指挥、队伍调动、应急处置技能和后勤保障等应急能力。实战演练通常要在特定场所完成。实战演练从流程和内容上划分，还分为以下两种方式：

a) 综合演练。由地质灾害应急责任部门参与的针对地质灾害应急预案中多项或全部应急响应功能,而开展的一系列应急演练活动,其目的是对地质灾害应急多个环节或功能进行检验,并特别注重检验不同部门之间应急机制、协调机制及联动机制。其中,社会综合应急演练由各级人民政府及其相关部门、企事业单位、社会团体等多个单位共同参加。

b) 专项演练:
1) 应急技术演练指单纯进行风险预警、调查监测、会商处置等地质灾害应急技术领域方面的演练活动。主要是锻炼和提高应急技术队伍应对突发地质灾害时的技术支撑能力,探索地质灾害应急新技术、新方法,为实战积累丰富的技术经验。
2) 应急抢险救援演练是针对突发地质灾害事件而开展的抢救人员生命及财产、灾害险情应急处置、灾民救助和安置的演练活动。
3) 应急避险撤离演练是指针对突发地质灾害事件而开展的避险区域选择,自我保护、自救互救,按照事先划定的疏散路线进行撤离的演练活动。

5.2 演练分级及组织报批

应急演练等级应根据模拟地质灾害险情和灾情大小而定,可分为特大型演练、大型演练、中型演练和小型演练四个等级,并根据等级级别由相应演练组织机构组织实施。

5.2.1 特大型演练(Ⅰ级)

5.2.1.1 特大型演练是指以受灾害威胁,需搬迁转移人数在1 000人(含)以上,或潜在经济损失1亿元以上的地质灾害险情与因灾死亡30人(含)以上,或因灾造成直接经济损失1 000万元以上的地质灾害灾情为情景设定的演练。

5.2.1.2 特大型应急演练应启动Ⅰ级应急响应,由国家或省级人民政府组织,地质灾害应急机构负责实施。

5.2.2 大型演练(Ⅱ级)

5.2.2.1 大型演练是指以受灾害威胁,需搬迁转移人数在500人(含)以上、1 000人(含)以下,或潜在经济损失5 000万元以上、1亿元以下的地质灾害险情与因灾死亡10人(含)以上、30人(含)以下,或因灾造成直接经济损失500万元以上、1 000万元以下的地质灾害灾情为情景设定的演练。

5.2.2.2 大型应急演练应启动Ⅱ级应急响应,由省或市级人民政府组织,地质灾害应急机构负责实施。

5.2.3 中型演练(Ⅲ级)

5.2.3.1 中型演练是指以受灾害威胁,需搬迁转移人数在100人(含)以上、500人(含)以下,或潜在经济损失500万元以上、5 000万元以下的地质灾害险情和因灾死亡1人(含)以上、10人(含)以下,或因灾造成直接经济损失100万元以上、500万元以下的地质灾害灾情为情景设定的演练。

5.2.3.2 中型应急演练应启动Ⅲ级应急响应,由市或县级人民政府组织,地质灾害应急机构负责实施。

5.2.4 小型演练(Ⅳ级)

5.2.4.1 小型演练是指以受灾害威胁,需搬迁转移人数在100人(含)以下,或潜在经济损失500万元以下的地质灾害险情和因灾死亡3人（含）以下，或因灾造成直接经济损失100万元以下的地质灾害灾情为情景设定的演练。

5.2.4.2 小型应急演练应启动Ⅳ级应急响应，由县或乡（镇）级人民政府组织，地质灾害应急机构负责实施。

5.2.4.3 各级人民政府及主管部门组织开展的应急演练应向上一级人民政府及主管部门报备。

6 演练准备

6.1 演练规划与计划

6.1.1 规划

应急演练组织单位要根据地质灾害隐患点和当地的实际情况，并依据相关法律法规和应急预案的规定，针对当地地质灾害的特点将应急演练工作内容纳入地质灾害防治规划、地质灾害防治年度工作方案和地质灾害应急体系建设规划中。规划中应明确演练的内容、形式、范围、频次、期限等。

各级演练规划要统一协调、相互衔接，统筹安排各级演练之间的顺序、日程、侧重点，避免重复和相互冲突，演练频次应满足应急预案规定。演练流程见附录A。

6.1.2 计划

应急演练组织单位要根据应急演练规划，结合地质灾害隐患点和当地的实际情况，并依据相关法律法规和应急预案的规定，制定相应应急演练计划。制定计划应做到以下几点：

a) 进行实地考察、论证，确定演练地点，确保满足演练的场地条件。
b) 根据季节和天气确定演练的时间。
c) 合理制定应急演练规模和形式。
d) 制定演练的应急预案，防止演练过程中发生安全问题。
e) 演练的计划应包括演练的主要目的、类型、形式、内容，主要参与演练的部门、人员，演练经费概算等。

6.2 方案准备

针对演练题目和范围，开展下述演练准备工作。

6.2.1 成立组织机构

演练组织单位根据演练计划成立演练领导小组及演练筹划部门。演练领导小组负责演练活动全过程的组织领导、审批决定演练重大事项，筹划部门负责演练的筹备和策划、方案设计、演练实施、组织协调、评估总结、服务保障。

6.2.2 制定演练方案

方案主要内容包括：

a) 应急演练目的与要求。
b) 应急演练场景设计：按照地质灾害的内在变化规律，设置情景事件的发生时间、地点、状态特征、波及范围以及变化趋势等要素，进行情景描述。
c) 参演单位和主要人员的任务及职责。

d) 应急演练的评估内容、准则和方法,并制定相关具体评定标准。
e) 应急演练总结与评估工作的安排。
f) 应急演练技术支撑和保障条件,参演单位联系方式,应急演练安全保障方案等。

6.2.3 设计演练脚本

应急演练脚本是指应急演练工作方案的具体操作手册,帮助参演人员掌握演练进程和各自演练的步骤。脚本描述应急演练每个步骤的时刻及时长、对应的情景内容、处置行动及执行人员、指令与报告对白、适时选用的技术设备、视频画面与字幕、解说词等。

按照地质灾害应急预案,脚本应分为"信息接收与处理→启动预案→应急响应→响应终止→总结评估"等程序。

a) 信息接收与处理。地质灾害信息的接收、核实、上报。
b) 启动预案。据预案和方案,启动相应级别的响应方案。
c) 应急响应。传达指令,调配资源,进行应急准备,组织应急避险撤离、技术处置、抢险救援等工作。
d) 响应终止。完成各项应急响应工作,经报请批准后宣布终止响应。
e) 总结评估。制定评估程序,确定评估标准,总结演练情况,汇总演练材料,资料归档备案。

6.2.4 制定评估标准

根据演练的分类、规模、性质、地域特点、灾种等综合情况,编写演练评估标准,内容可参看附录B中表B.1和表B.2制定符合演练实际情况的评估标准。

a) 评估内容。针对应急演练准备、应急演练方案、应急演练组织与实施各个环节的实现情况进行评价,并对应急演练效果进行综合评定。对应急演练分项及整体的评判,可采用评分制(优秀、良好、一般、较差)进行评估。
b) 评估程序。针对应急演练评估标准做出的程序性规定。

6.2.5 安全保障方案

方案主要包括:

a) 可能发生的意外情况及其应急处置措施。
b) 应急演练的安全设施与装备。
c) 应急演练非正常终止条件与程序。
d) 安全注意事项。

6.2.6 动员培训

在演练开始前要对参演人员进行演练动员和培训,确保所有演练参与人员掌握演练规则、演练情景和各自在演练中的任务。

所有演练参与人员都要经过应急基本知识、演练基本概念、演练现场规则等方面的培训。对控制人员要进行岗位职责、演练过程控制和管理等方面的培训,对评估人员要进行岗位职责、演练评估方法、工具使用等方面的培训,对参演人员要进行应急预案、应急技能及个体防护装备使用等方面的培训。

6.3 其他准备

6.3.1 演练调研

地质灾害应急管理和技术支撑部门以及演练组织单位要根据需要适时开展对突发应急演练的调研工作。通过调研，不断完善和丰富突发应急演练内容和演练方案，制定相关政策和标准指导演练工作。

6.3.2 演练培训

适时或定期组织演练培训，培养组织筹划应急演练工作的专业人才。

6.3.3 演练观摩

针对具有代表性或典型性的演练，可以组织相关人员观摩学习。影响比较大的演练，可以邀请全国各地相关部门及人员观摩学习。

6.3.4 宣传报道

应急演练组织部门按照演练宣传方案做好宣传报道工作。认真做好信息采集、媒体组织、广播电视节目现场采编和播报等工作，扩大演练的宣传教育效果。对应急演练的涉密信息要做好相关保密工作。

6.4 演练保障

6.4.1 人员保障

演练参与人员包括演练领导机构、组织机构、指挥机构、演练参与单位（部门）、参演群众和保障人员等，有时还会有观摩人员等其他人员。必要时考虑替补人员。

6.4.2 经费保障

演练组织单位每年要根据应急演练计划编制应急演练经费预算，纳入该单位的年度财政（财务）预算，并按照演练需要及时拨付经费。对经费使用情况进行监督检查，确保演练经费专款专用、节约高效。

6.4.3 场地保障

根据演练方式和内容，经现场勘察后选择合适的演练场地。桌面演练可选择会议室或应急指挥中心等；实战演练应选择地质灾害隐患点和灾点或与实际情况相似的地点，并根据需要设立指挥部、集结点、接待站、供应站、救护站、停车场、应急避难场地等设施。演练场地应有足够的空间，良好的交通、生活、卫生和安全条件，尽量避免干扰日常公共生产生活秩序，保持安全撤离路线畅通。

6.4.4 装备保障

根据需要，准备必要的演练材料、物资和器材，制作必要的模型设施等，主要包括：
a) 信息材料。主要包括应急预案和演练方案的纸质文本、演示文档、图表、地图、软件等。
b) 物资设备。主要包括各种预报预警设备、应急监测设备、远程会商设备、安全保障设备、应急抢险物资、特种装备、办公设备、录音摄像设备、信息显示设备等。
c) 通信器材。主要包括固定电话、移动电话、海事电话、对讲机、传真机、计算机、无线局域网、视频通信器材和其他配套器材。
d) 演练情景模型。搭建必要的模拟场景及装备设施。

6.4.5 通信保障

应急演练过程中应急指挥机构、总策划、控制人员和参演人员等之间要有及时可靠的信息传递渠道。根据演练需要，可以采用多种公用或专用通信系统，必要时可开通（租用）演练专用通信与信息网络，确保演练控制信息的快速传递。

6.4.6 安全保障

演练组织单位要高度重视演练组织与实施全过程的安全保障工作，演练应制定演练过程中的突发应急预案。中型（含中型）以上演练活动要按规定制定专门应急预案，采取预防措施，并对关键部位和环节可能出现的突发事件进行针对性演练。根据需要为演练人员配备个体防护装备，购买商业保险。对可能影响公众生活、易于引起公众误解和恐慌的应急演练，应提前向社会发布公告，告示演练内容、时间、地点和组织单位，并做好应对方案，避免造成负面影响。

演练现场要有必要的安保措施，必要时对演练现场进行封闭或管制，划定应急避难场所，保证演练安全进行。演练出现意外情况时，演练总指挥与其他领导小组成员会商后可提前终止演练。

7 演练实施

7.1 演练启动

按照应急演练方案和脚本设定，由指定人员宣布演练开始。

7.2 演练执行

演练设有应急指挥机构负责演练实施全过程的指挥控制。通常成立应急演练领导小组，并下设应急演练筹划机构。

按照演练方案要求，应急指挥机构指挥各参演队伍和人员，开展对模拟演练事件的应急处置行动，完成各项演练活动。

演练控制人员应充分掌握演练方案，按总策划的要求，熟练发布控制信息，协调参演人员完成各项演练任务。

参演人员根据控制消息和指令，按照演练方案规定的程序开展应急处置行动，完成各项演练活动。

7.3 演练结束

演练完毕，由指定人员发出结束信号并宣布演练结束。演练结束后所有人员停止演练活动，按预定方案集合进行现场总结讲评或者组织疏散。组织人员对演练场地进行清理和恢复。

8 演练评估与总结

8.1 演练评估

对演练准备、演练方案、演练组织、演练实施、演练效果等进行评估，评估目的是确定应急演练是否已达到应急演练目的和要求，检验相关应急机构指挥人员及应急响应人员完成任务的能力。

重点评估演练效果，包括预案的科学性、实效性，演练组织部门的组织、指挥、协调效果，应急技术处置方案的效果，以及设备的应用效果。

8.2 演练总结

8.2.1 现场点评

在演练的一个或所有阶段结束后，由演练总指挥、总策划、专家评估负责人等在演练现场有针对性地进行点评。内容主要包括本阶段的演练目标、参演队伍及人员的表现、演练中暴露的问题、解决问题的办法等。

8.2.2 事后总结

在演练结束后，召开演练总结会议，根据演练记录、演练调查评估报告、应急预案、现场点评等材料，结合专家意见，对演练进行系统和全面的总结，并形成演练总结报告。演练参与单位也可对本单位的演练情况进行总结。主要包括以下内容：

a) 本次应急演练的基本情况和特点。
b) 应急演练的主要收获和经验。
c) 应急演练中存在的问题及原因。
d) 对应急演练组织和保障等方面的建议及改进意见。
e) 对应急预案和有关执行程序的改进建议。
f) 对应急设施、设备维护与更新方面的建议。
g) 对应急组织、应急响应能力与人员培训方面的建议等。

8.2.3 文件归档与备案

应急演练活动结束后，将应急演练方案、应急演练评估报告、应急演练总结报告等文字资料，以及记录演练实施过程的相关图片、视频、音频等资料归档保存；对主管部门要求备案的应急演练，演练组织部门（单位）将相关资料报主管部门备案。

8.2.4 改进

演练评估或总结报告认定演练与预案不相衔接，甚至产生冲突，或预案不具有可操作性，由应急预案编制部门按程序对预案进行修改完善。

对演练中暴露出来的问题，演练单位应当及时采取措施予以改进，包括有针对性地加强应急人员的教育和培训、对应急物资装备有计划地更新等，并建立改进任务表，按规定时间对改进情况进行监督检查。

8.3 成果运用

演练成果不仅要运用到地质灾害应急实际工作中,还要运用到教育领域和社会宣传领域,制作成科学教育学习教材或软件进行推广。

8.4 考核与奖惩

演练组织单位要注重对演练参与单位及人员进行考核。对在演练中表现突出的单位和个人,给予表彰和奖励;对不按要求参加演练,或影响演练正常开展的,给予相应批评。

附 录 A
（规范性附录）
地质灾害应急演练流程图

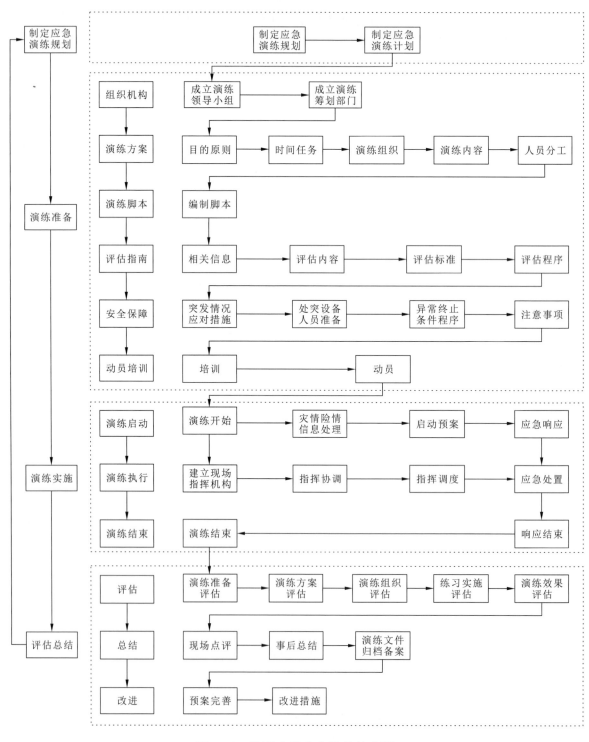

图 A.1 地质灾害应急演练流程图

附 录 B
（规范性附录）
地质灾害应急演练评估表

表 B.1 地质灾害应急演练准备情况评估表

评估项目	评估内容
1. 规划与计划	1.1 演练纳入地质灾害防治年度工作方案中
	1.2 应急演练结合地质灾害隐患点和当地实际情况
	1.3 演练目的明确，且具有针对性，明确参演各单位的任务、要求及取得的效果
	1.4 演练科目设定符合当地地质灾害隐患点灾种特征，演练场地选择既满足演练需求又符合当地实际情况
	1.5 演练内容场景设定有利于提高参演人员应急能力
	1.6 演练现场突发事件的应急预案，消除安全隐患
	1.7 演练中不同单位、部门之间组织协调机制
2. 方案准备	2.1 设置演练组织领导机构
	2.2 制定演练工作方案、演练现场突发事件应急预案、宣传报道方案及各类保障方案
	2.3 结合演练实际情况设置演练评估内容、标准及方法
	2.4 根据演练需要编制演练脚本
	2.5 演练脚本的各参演单位组织实施的内容是否符合演练规范要求，设置项目是否符合实际情况，协调机制是否有效可行
	2.6 演练的相关方案、资料印发到演练参演单位
	2.7 演练现场突发事件应急预案的应急处置措施有效、程序合理
	2.8 针对参加演练人员，前期进行动员培训，掌握演练规则，了解演练情景设置以及各自在演练中的人物
	2.9 演练组织单位根据演练需要，开展对突发应急演练的调研工作
	2.10 按照宣传报道方案组织开展前期宣传报道工作
	2.11 编制观摩手册，告知相关注意事项
3. 演练保障	3.1 人员分工明确，职责清晰，人数规模合理
	3.2 演练经费科学合理
	3.3 场地符合演练设置需求，满足演练情景设置及安全要求
	3.4 参演装备齐全，功能符合工作要求
	3.5 通信保障畅通快捷、机动灵活、手段完备
	3.6 参演人员确保自身安全
	3.7 演练安全保障措施准备到位，应对及时

表 B.2 地质灾害应急演练实施情况评估表

评估项目	评估内容
1. 预警预报	1.1 根据地质灾害监测预警系统数据变化进行相应预警预报，并随着数据态势变化，启动相应预案响应
	1.2 遇突发地质灾害险情或灾情时，启动相应等级的预案响应
	1.3 灾情、险情上报流程清晰
	1.4 在规定时间内上报上级主管部门和地方人民政府相关险情、灾情
2. 应急响应	2.1 启动应急预案响应条件、程序及方法
	2.2 参演各单位启动应急响应的流程
	2.3 参演各单位启动应急响应的时限
	2.4 参演各单位人员应急响应的程序、流程和时限
3. 指挥协调	3.1 演练现场成立指挥机构，指挥、协调参演各单位
	3.2 指挥部人员及时到位，分工明确，各负其责
	3.3 总指挥掌握现场情况，熟悉指挥流程，了解灾情发展，有效掌控现场突发情况
	3.4 指挥部制定科学、可行的救援方案，统筹协调现场资源，合理分配救援力量
	3.5 现场指挥指令传达畅通
	3.6 指挥部与当地人民政府、上级主管单位建立畅通有效的信息沟通机制，并及时更新、共享信息
4. 应急通信	4.1 应急通信系统运转正常，确保现场通信指挥
	4.2 应急通信系统为应急人员提供畅通的通信链路
	4.3 应急通信系统为现场提供多途径的通信链路
5. 监测预警	5.1 监测预警人员到位情况
	5.2 监测预警人员携带专业设备情况
	5.3 监测点及监测位置选取情况
	5.4 监测预警数据信息报告流程、程序规范符合应急预案要求情况
	5.5 监测数据传输、分享、预警阈值预设情况
	5.6 针对不同灾种的预警条件、方式和方法
	5.7 监测数据实时分析处理情况
	5.8 灾害现场突发情况、预警情况
	5.9 协同其他相关技术部门信息共享、数据分析情况
	5.10 规定时间内完成向上级主管部门和地方人民政府报告灾害现场数据信息情况
6. 应急处置	6.1 灾害现场应急处置的相关参演人员按照预案程序在规定时间集结、抵达灾害现场开展工作
	6.2 现场应急处置人员分工合理，任务明确
	6.3 应急处置程序规范，针对不同灾种采取相应的处置程序
	6.4 应急处置装备操作规程科学、安全、有效
	6.5 不同应急处置人员之间沟通顺畅，合理有序，相互配合，高效协同
	6.6 与监测预警人员协同合作、信息共享，防止次生灾害发生，确保灾害现场救援人员安全

表 B.2 地质灾害应急演练实施情况评估表(续)

评估项目	评估内容
7. 转移安置	7.1 转移安置场所选址安全,撤离路线设置科学、便利
	7.2 转移安置程序规范
	7.3 转移安置场所设施合理,有利救助
	7.4 做好伤员、病患家属安置疏导工作
8. 医疗救护	8.1 医疗救助人员及时抵达现场,开设临时救助场所
	8.2 医疗救助所需设备、药品、器材充分有效
	8.3 现场救助人员与当地救助医院信息沟通顺畅,转移救治伤员交通工具随时待命,转移通道畅通
	8.4 现场医疗人员对伤员先期治疗的过程符合医疗救治程序,对伤情判断准确,先期处置有效
9. 现场警戒管控	9.1 对现场周边设立有效的管控区域,设置交通管制点,转移安置前,应首先切断危险区范围内能源类供给
	9.2 对灾害现场采取有效管制区域,严格管理灾害现场出入人员、车辆
	9.3 管控区域内设置清晰、明显的管控标志及警戒线
	9.4 配合医疗、抢险、救援等人员的工作,管控人员出入,确保救援、转移通道畅通
10. 信息公开	10.1 明确灾害现场信息发布部门、原则、程序,确保灾害现场信息及时、准确地向媒体发布
	10.2 按照信息发布原则,设立信息发布渠道,建立与媒体沟通的有效通道
	10.3 内部信息通报机制健全,政令畅通
	10.4 做好舆情监测工作,妥善处置公共信息